动物小镇的经济学 · 启迪孩子财商的故事绘本

富翁野猪的烦恼

芳飞翼 著　　海润阳光 绘

U0222126

北京出版集团
北京教育出版社

图书在版编目（CIP）数据

富翁野猪的烦恼 / 芳飞翼著 ；海润阳光绘. -- 北京 ：北京教育出版社，2023.3
（动物小镇的经济学. 启迪孩子财商的故事绘本）
ISBN 978-7-5704-4733-6

Ⅰ. ①富… Ⅱ. ①芳… ②海… Ⅲ. ①财务管理—儿童读物 Ⅳ. ① TS976.15-49

中国版本图书馆 CIP 数据核字（2022）第 153566 号

富翁野猪的烦恼
FUWENG YEZHU DE FANNAO
芳飞翼 著　海润阳光 绘
责任编辑：张文超　责任印制：肖莉敏

出　版　北京出版集团
　　　　北京教育出版社
地　址　北京北三环中路 6 号
邮　编　100120
网　址　www.bph.com.cn
总发行　京版北教文化传媒股份有限公司
经　销　全国各地书店
印　刷　天津联城印刷有限公司
版　次　2023 年 3 月第 1 版
印　次　2024 年 3 月第 2 次印刷
开　本　889 毫米 ×1194 毫米　1/16
印　张　2.125
字　数　25 千字
书　号　ISBN 978-7-5704-4733-6
定　价　25.80 元

如有印装质量问题，由本社负责调换
质量监督电话　010-58572844　010-58572393

序

当今社会，有很多年轻人沦为卡奴、月光族、借贷族，这种现象源于“财商”的缺失，智商和情商再高，缺了“财商”，可能成就越高，摔得越惨。

财商是与智商和情商同样重要的能力。培养一个能够正确看待和使用金钱，拥有理财思维的孩子，能帮助他们为将来拥有幸福的生活打下良好基础。

给孩子讲钱不容易。钱是什么？钱从哪来？为什么可以用它买东西？钱越多越好吗？有钱会让人快乐吗？这一连串的问题，该如何回答？怎么才能让孩子理解呢？《动物小镇的经济学·启迪孩子财商的故事绘本》用生动的语言、灵动的图画，把这些答案融入故事里。

我们知道，讲大道理孩子不爱听，但讲故事却能让孩子听得津津有味。这套绘本包括6个富有哲理的小故事，幽默诙谐，寓教于乐。

咕噜咕噜村和叽叽喳喳村想要交换物品，经过不断地尝试，他们终于找到了好办法。究竟是什么呢？看完《贝壳变成了钱》，可以请孩子来回答，动物们最后是如何解决的。

既然钱可以方便地换到东西，懒惰的乌鸦也想挣钱。一开始它把贝壳种在土里，渴望种出许许多多的钱，乌鸦会成功吗？钱到底从哪儿来呢？《乌鸦想挣钱》这本书可以告诉你答案。

如果钱多了，可以把钱存进银行，那么银行是干什么的呢？读完《野猪先生开银行》，你会知道为什么会有银行，我们为什么愿意把钱存进银行里。

我们要学会挣钱，也要学会花钱。《爱花钱的园丁鸟》这本书里，园丁鸟不停地拿出贝壳花，很快木箱里就只剩一枚贝壳了……这个故事告诉孩子：花钱要合理。

为了学习花钱，猴子还专门报了班。记账是管理零花钱的好办法，打开《猴子的记账本》，看看他是怎么做的。

野猪先生越来越有钱，变成富翁的野猪先生快乐吗？有钱了，我们该怎么办呢？野猪先生找到了答案。如果你也想知道，可以读这本《富翁野猪的烦恼》。

这套绘本用鲜活的形象，充满童趣的语言，风趣好玩的故事真诚地给孩子讲述了关于钱的多方面的知识。内容看似简单，却可能对人的一生产生深远的影响。如何与孩子谈钱，这套绘本一定可以帮到你。

经济学博士，副教授，硕士研究生导师 陈玲

野猪银行越开越大，野猪越来越有钱……
我何时才能像野猪那样，
成为动物小镇的首富？
哼！
马儿嘚嘚快递

哼，还不都是
我出的主意！
尊敬的野猪先
生，您好！

也越来越忙……

野猪银行借款的利息越来越高……

朋友越来越少……

没门!
好心的野猪先生，我最近腿疼，没法儿跑快递，贝壳能晚几天归还吗？

直到有一天，他收到一封信。

我不需要朋友，我有钱，钱就是一切！

可是，野猪越来越高兴不起来。

他经常胡思乱想。

他想，自己一定是生病了。

他派螳螂去请蜘蛛。蜘蛛是位赤脚医生，她的丝可以织围巾，也可以用来把脉。

什么？我的钱太多了？
您的身体很结实，问题大概出在……心上。我觉得……我想……嗯，是你的钱太多了。

这天晚上，野猪怎么也睡不着。最后，他大哭起来。

为了减少贝壳，野猪决定送给咕噜咕噜村每个村民一件礼物。他送给大黄狗一副新眼镜。

野猪很久没有这么开心过了！很快他又送给狐狸一块黑板。

送给小獾宝宝一只奶瓶。

送给马一块滑板。

送给每只小鸡一只口哨……

咕噜咕噜村到处都在谈论这位“神秘的陌生人”。
我想和他说一说我的腿。
嘀
嘀
嘀

他忘了送眼镜盒给我。
他一定是一位令人钦佩的侠客!
他要是送两只奶瓶就好了。
他应该先量一量我家门的尺寸。
嘀
幸亏他没有送鼓，我的长耳朵实在受不了!

尽管野猪为每个村民都买了礼物，但贝壳的数量还在继续增加。

野猪想出一个好办法。
所有借款，一律延期一个月归还。借款利息统统降低一半儿。

贝壳还有很多嘛。

于是，野猪偷偷在动物小镇中心竖了一只绿箱子。

大家很快发现了。
捐赠指没有索求地把有价值的东西给予别人。除了捐赠钱财，我们也可以把家里的衣服、玩具等物品捐赠给有需要的人。
我敢打赌，一定又是“神秘的陌生人”所为！
贝壳捐赠箱。
贝壳请自取。
仅供咕噜咕噜村和叽叽喳喳村有困难者。

野猪每天夜里偷偷往绿箱子里放一枚贝壳。

直到有一天当场被“抓”。

野猪的事迹传开了。

他成了动物小镇最受尊敬的人，野猪感受到了从来没有过的快乐！

早上好，野猪先生!
野猪老兄，今天天气真好，一起去钓鱼吧!

读后感

心心 4岁

▶《贝壳变成了钱》

看了这个故事，我也想有好多贝壳。不过我有好多硬币，装在存钱罐里。我可以用它们换来好多漂亮的贝壳。

▶《乌鸦想挣钱》

这只乌鸦原来很懒，后来它发现贝壳是钱，于是就努力工作。它很聪明，足智多谋，就像《乌鸦喝水》里面的乌鸦一样。它用自己的点子帮助了别人，自己也挣了更多的贝壳。我希望长大以后，也能像这只乌鸦一样聪明，用自己的智慧去帮助大家，也帮自己挣更多的钱！

陈嫵茜 9岁

宋易阳 11岁

▶《野猪先生开银行》

读了《野猪先生开银行》这本书，我知道了银行的来历。有了这些知识，银行对我来说不再神秘。野猪能成为大银行家真是了不起！我在想，野猪将来会不会把银行开到更多的地方呢？

▶《爱花钱的园丁鸟》

乱花钱不是好习惯！花钱要有计划。我特别喜欢布谷鸟村长，它特别有爱心，收留了园丁鸟太太。园丁鸟太太后来也变了。我以后买玩具也要有计划。

笑笑 5岁

李晗宇 6岁

▶《猴子的记账本》

哈，真好玩的故事。我好想有一个小猪存钱罐啊，这样就能把我的零花钱都存起来了。对了，我也要像猴子一样，学会记录，期待年底能用零花钱买我心爱的玩具。

▶《野猪富翁的烦恼》

野猪有钱了，可是它不快乐，帮助别人才能快乐。

南灏尊 4岁

小朋友，读完这几本书，你有什么想法和收获呢？也来说一说，写一写吧！